探索 宇宙奥秘

浩瀚宇宙

科普文化站 ◎ 主编

应急管理出版社
· 北京 ·

图书在版编目（CIP）数据

浩瀚宇宙／科普文化站主编. －－北京：应急管理
出版社，2022（2023.5 重印）
（探索宇宙奥秘）
ISBN 978－7－5020－6142－5

Ⅰ.①浩… Ⅱ.①科… Ⅲ.①宇宙—儿童读物 Ⅳ.
①P159－49

中国版本图书馆 CIP 数据核字（2022）第 035159 号

浩瀚宇宙（探索宇宙奥秘）

主　　编　科普文化站
责任编辑　高红勤
封面设计　陈玉军

出版发行　应急管理出版社（北京市朝阳区芍药居 35 号　100029）
电　　话　010－84657898（总编室）　010－84657880（读者服务部）
网　　址　www.cciph.com.cn
印　　刷　三河市南阳印刷有限公司
经　　销　全国新华书店

开　　本　880mm×1230mm$^1/_{32}$　印张　24　字数　430 千字
版　　次　2022 年 11 月第 1 版　2023 年 5 月第 2 次印刷
社内编号　20200873　　　　　定价　120.00 元（共八册）

宇宙是怎么诞生的？银河系是如何被科学家发现的？除了太阳，太阳系家族还有哪些成员？恒星离我们有多远？月球车在月球上发现了什么？航天员在太空中是怎样生活的……宇宙是如此浩瀚而神秘，激发着我们的好奇心和求知欲，驱使着我们不断地去探索、去揭开那些鲜为人知的奥秘。

为了满足孩子们的好奇心和求知欲，激发他们的科学探索精神，我们精心编排了这套《探索宇宙奥秘》丛书。这是一套图文并茂的少儿科普书，集趣味性、知识性、科学性于一体，囊括了太阳系、银河系、地球、恒星、月球等天文学知识。本系列丛书从孩子的视角出发，精心选取孩子感兴趣的热门话题，根据他们的阅读特点和认知规律进行编排，以带给孩子美好的阅读体验。

赶快翻开这本书，让我们一起推开未知世界的大门，尽情感受宇宙的广阔与奥妙吧！

目录

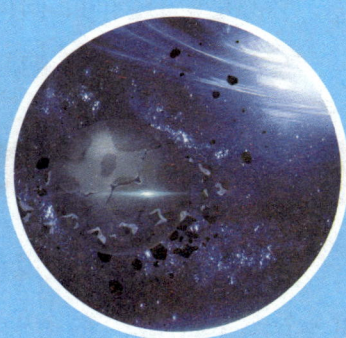

宇宙的诞生

宇宙是所有空间、时间和物质的总称。关于宇宙的诞生，一直众说纷纭，归纳起来，大致有以下几种假说。

"宇宙大爆炸"假说

"宇宙大爆炸"假说是由美国著名宇宙学家伽莫夫提出来的。1946 年，他将弗里德曼、哈勃和勒梅特等人的宇宙膨胀学说总结概括为"大爆炸宇宙论"。这一假说认为，在大约 150 亿年以前，宇宙还只是一个滚烫的大火球，所有的物质都高度集中在一个点上，进而浓缩成了一个密度极大、温度极高的物质团，被称作"宇宙蛋"。由于

"宇宙蛋"不断地浓缩、挤压，能量无限集中，当浓缩到再也不能承受的程度时，"宇宙蛋"便发生了大爆炸。在这次大爆炸后，一些构成宇宙的物质开始向外飞散。又经过漫长的演化过程，这些物质又拼接在一起相互结合，形成了星系和各种天体，从而演化出了星系团、恒星等，最终形成了星空世界；另外还有一部分物质在强大的引力作用下，形成了宇宙物质。

"宇宙永恒"假说

"宇宙永恒"假说是由英国天文学家霍伊尔、邦迪和戈尔特等人提出来的。这一假说认为，宇宙并不像人们所说的那样动荡不定。自宇宙诞生以来，宇宙中的星体、星体密度以及它们的空间运动都处在一种相对稳定的状态。霍

超神奇！

宇宙中有无数发亮的恒星，可为什么我们看到的宇宙却漆黑一片呢？这是因为宇宙空间的温度比恒星表面的温度低，所以，宇宙看起来是漆黑的。

伊尔把宇宙中的物质分成恒星、小行星、陨石、宇宙尘埃、星云、射电源、脉冲星、类星体、星际介质等几大类，认为这些物质在大尺度范围内处于一种力和物质的平衡状态。换句话说，一些星体在某处湮灭了，在另一处就会有新的星体产生。宇宙只是在局部发生变化，在整体范围内则是稳定的。

宇宙科学馆

星云是指由尘埃、氢气、氦气和其他电离气体聚集成的云雾状天体。

"宇宙层次"假说

"宇宙层次"假说是由法国天文学家沃库勒等人提出来的。这一假说认为，宇宙的结构是分层次的，如：恒星是一个层次，恒星集合组成星系是一个层次，许多星系结合在一起组成星系团是一个层次，一些星系团相互集聚组成超星系又是一个层次……

综合来看，以上种种假说虽然说明了其中的部分道理，但都缺乏概括性，还有继续探讨的必要。

宇宙的年龄

　　宇宙的年龄就是宇宙诞生至今的时间。对于宇宙年龄的测量和估算一直是科学家们关注的问题，但由于没有一种方法是绝对准确的，因而测量和估算宇宙年龄通常采用多种方法。

超神奇！

宇宙中的天体存在很久了，甚至在地球诞生之前就形成了，所以，提到天体的年龄，基本上都在上亿年。

同位素年代法

　　采用同位素年代法测量地球、月球和太阳的年龄是一个好方法。经测定，地球年龄为40亿～50亿年，月球年龄为46亿年，太阳年龄为50亿～60亿年。天文学家布查用此法测算宇宙年龄，测定的结果为120亿年。

球状星团测定法

　　球状星团测定法是根据恒星演化理论来测算恒星年龄的一种方法，利用这种方法求得的宇宙年龄为 80 亿~180 亿年。但是，人们对恒星进行观测发现，最古老的恒星年龄约 200 亿年。由此可知，180 亿年的宇宙年龄是不准确的。

哈勃常数测定法

　　1929 年，美国天文学家哈勃对 24 个星系进行了全面的观测和深入的研究。他发现这些星系的谱线都存在明显的红移。根据物理学中的多普勒效应，这些星系在朝远离我们的方向奔去，即所谓的退行。而且，哈勃发现这些星系退行的速度与它们和地球的距离成正比。这个比例常数就叫哈勃常数，它的倒数就是宇宙年龄。也就是说，根据

宇宙科学馆

红移是指物体的电磁辐射由于某种原因频率降低的现象，表现为光谱的谱线向波长较长的红端移动了一段距离。

所以，哈勃常数测定法是基于宇宙膨胀的观测事实确立的。在一个不断膨胀的宇宙中，测定天体退行速度可以通过红移量的测量来获得。例如，只要测出邻近星系与地球的距离，再由此标定红移量与距离的关系，就可求得宇宙的年龄。可是，不同天文学家得出的宇宙年龄的结果相去甚远，在100亿～200亿年之间。这是为什么呢？原来，由红移测定取得的天体退行速度比较一致，而天体距离的测定误差就比较大了。

哈勃常数 H=50 ~ 85 千米／（秒·每百万秒差距），我们就能知道宇宙的年龄。

白矮星估算法

天文学家们利用哈勃空间望远镜观测到了迄今为止所发现的银河系中最古老的白矮星，这为确定宇宙年龄提供了一种全新的途径。新推算出的宇宙年龄为 130 亿 ~ 140 亿年。天文学家们在美国国家航空航天局的新闻发布会上介绍说，这些古老的白矮星是在位于天蝎座的一个名为 M4 的球状星团中发现的。分析表明，这些白矮星的年龄为 120 亿 ~ 130 亿年。

白矮星是宇宙中早期恒星燃尽后的产物，它会随着年龄的增长而逐渐冷却，因而被视为估算宇宙年龄的理想

"时钟"。天文学家们比喻说，借助白矮星来估算宇宙的年龄，就好似通过余烬去推测一团炭火是何时熄灭的一样，其原理比较简单。但问题是白矮星会因不断冷却而越来越暗淡，这是在实际观测中需要克服的困难。

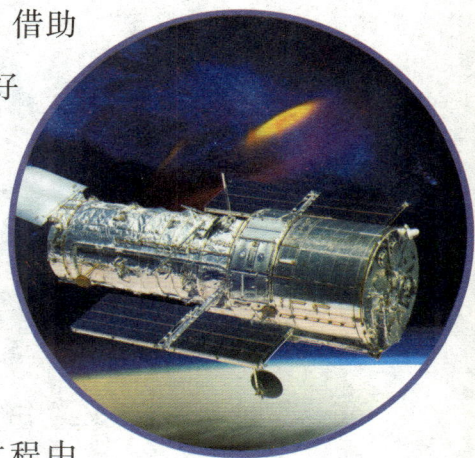

在观测 M4 球状星团的过程中，哈勃空间望远镜的观测能力发挥到了极限。望远镜上的照相机在 67 天中累计用了 8 天的曝光时间，才拍摄下迄今为止最暗淡、温度最低的白矮星照片。这些白矮星光线极其微弱，亮度不及人的肉眼所能看到的最暗星体的十亿分之一。

哈勃空间望远镜早先的观测结果显示，宇宙中的首批恒星，最早可能是在诞生宇宙的"大爆炸"后不到 10 亿年间形成的。因此，将这 10 亿年考虑进去，结合最新的白矮星观测结果，推算出宇宙的年龄应该为 130 亿～140 亿年。

到目前为止，人们还无法得出宇宙的确切年龄。通常认为宇宙的年龄大约为 150 亿年。至于更具体的数字，还有待科学家的进一步探索。

宇宙的大小

宇宙有广义和狭义之分：广义上的宇宙是指无限多样、永恒发展的物质世界；狭义上的宇宙是指特定时代所能观测到的最大的天体系统。后者通常被称为可观测宇宙，等同于现在天文学中的"总星系"。

宇宙的组成

起初，科学家认为银河系就是宇宙，但随着科学技术的发展，科学家发现，在银河系以外还有许多"河外星系"。这些"河外星系"离我们很远，即使借助大型天文望远镜也仅能观测到一些模糊的光点。十几个或几十个星系在一起组成了星系群，而我们的银河系就同它周围的 19 个星系组成了一个星系群。

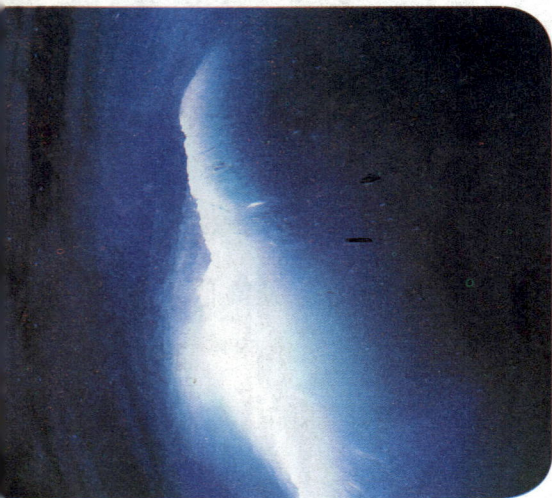

比星系群更高一级的星系组织是星系团，它由成百上千个星系组成。

有限无界的球体

宇宙空间是有限无界的。我们的地球就是这样一个空间，你在它的表面上无论朝哪个方向走，无论走多远，都不可能找到它的边界；但地球的体积是有限的，它的半径只有 6000 多千米，所以你最终将再次回到出发点。爱因斯坦认为：在宇宙中无数星系的巨大引力作用下，整个宇宙空间会发生弯曲，最终卷成一个球体，光线沿这个球面空间的运动轨迹也是弯曲的，并且永远到达不了宇宙的边界。

超神奇！

假设我们将太阳想象成一个南瓜，那么大约 2500 亿个南瓜就堆成了银河系，若 1000 亿个以上这样的"南瓜堆"分布在一个假想的"空心球"里，那么这个"空心球"的大小就相当于宇宙的大小。

未知的宇宙大小

　　所谓有限的宇宙，是人类利用哈勃空间望远镜所能观测到的最远星系，距离地球有 134 亿光年。从理论上说，我们现在能看见宇宙中的"最后一颗恒星"，但这并不意味着"最后一颗恒星"就是宇宙的尽头，134 亿光年以外的地方对人类而言还是未知的。目前，人类认为宇宙半径为 460 亿～470 亿光年，这就是我们已知的宇宙的大小。但在已知的宇宙之外，还可能有数不清的星系和星系团。总星系究竟有多大？它的边界在哪里？它的中心又在何方？这些问题，还有待科学家进一步探索。

宇宙科学馆

　　光年是长度单位，指光在宇宙真空中沿直线经过一年时间的距离，约为 9.4605×10^{15} 米。

宇宙的膨胀

宇宙虽然已经有 100 多亿岁了，但它依然像一个青春少年一样，在逐渐长大，这就是著名的"宇宙膨胀"理论。

宇宙不是静止的

最初，爱因斯坦认为宇宙是静止的。然而，美国天文学家埃德温·哈勃在 1929 年以不可辩驳的实验，证明了宇宙不是静止的，而是向外膨胀的。爱因斯坦在哈勃的带领下亲自观测到了宇宙膨胀现象，坦率地承认了自己的错误。

爱因斯坦曾遗憾地说："这是我在一生中所犯下的不可饶恕的错误。"在这之后，俄国科学家对爱因斯坦的理论做了某些修正，他们的计算结果表明，宇宙可能周期性地处于收缩和膨胀之中，也可能无限制地膨胀下去。

膨胀和收缩之谜

超神奇！

科学家发现，宇宙的膨胀速度正在渐趋减小。那么，这种膨胀会不会最终停下来，而导致宇宙开始收缩，并回

科学界对"宇宙大爆炸"理论的接受是循序渐进的，最主要的证据就是"宇宙膨胀"理论。宇宙会膨胀，证明这些星体原来是靠近的，而反推一下就能发现，在100多亿年以前它们正好在同一个点上。

归宇宙大爆炸之初的状态呢？或者在经历强烈的收缩之后，产生一次新的大爆炸，形成一个新的宇宙呢？

当然，要使宇宙停止膨胀，就需要一定量的引力。能否达到这个量，取决于宇宙物质的平均密度能否达到这个量，这个量就是临界密度。但是，如果宇宙存在大量的"暗物质"，那么它的平均密度就难测定了。宇宙年龄的测定也是宇宙膨胀与否的一个指标，但宇宙年龄的测定难度也很大。

因此，宇宙究竟是继续膨胀着，还是将要收缩呢？这依然是未解之谜。

宇宙科学馆

暗物质是宇宙中一种比电子和光子还要小的物质，根据暗物质粒子的运动速度，主要分为热暗物质和冷暗物质。接近光速运动的暗物质粒子就是热暗物质，远低于光速运动的暗物质粒子就是冷暗物质。此外，还有少部分暗物质粒子是介于二者之间的温暗物质。

宇宙的边际

宇宙的尽头在哪里呢？长久以来类似的问题一直困扰着人类。当前，人类的科技水平是有限的，我们只能把哈勃空间望远镜所能观测到的离地球最远的天体当作宇宙的边际，但事实上，真正的宇宙尽头还有待科学家们进一步探索。

4G41.17

1988 年 8 月，美国约翰斯·霍普金斯大学的钱伯斯和空间望远镜科学研究所的乔治·麦里发现了编号为

4G41.17 的天体，随后美国基特峰国立天文台对它进行了摄影和光谱观测。

对氢原子和碳原子发射光谱测定的结果表明，4G41.17 就是红移为 3.8 的天体，根据前面的模型，这个天体到地球的距离是

宇宙科学馆

根据多普勒效应，天体的背离速度越快，红移也就越大。于是人们可以根据红移求出天体间的距离。

117 亿光年。以前确认编号为 0902+34 的天体离地球最远，它到地球的距离是 115 亿光年。专家们认为 4G41.17 便是人们目前所能够看到的宇宙的尽头。

另外，还要考虑到光和电波以每秒约 30 万千米的速度传播。离地球 117 亿光年的 4G41.17 发出的光和电波经过了 117 亿年才到达地球。因此我们看到的是 117 亿年前的 4G41.17 的模样。这样我们不仅观测到了"远方的宇宙"，还观测到了"昔日的宇宙"。

钱伯斯的观测清楚地表明，在宇宙诞生后 13 亿年就有星系形成了。

EGS-zs8-1

2015 年 5 月，美国科学家发现了位于牧夫座的星系 EGS-zs8-1，耶鲁大学和加利福尼亚大学圣克鲁斯分校的科学家对这个星系进行了距离测算，最终确认它距离地球 131 亿光年，以此刷新了此前最远天体的纪录，成为新一代距离地球最远的星系。

科学家研究认为，EGS-zs8-1 是一个高红移的莱曼断裂星系，这个星系比其周围的其他星系要大。根据它辐射的光亮估计它诞生时的质量已经是银河系目前质量的 15%，而且这个星系制造新恒星的速率可以达到银河系目前速率的几十倍。

GN-z11

超神奇！

哈勃空间望远镜于 1990 年 4 月 24 日由美国的"发现"号航天飞机发射进入太空，它拍摄的影像不会受到大气层的扰动，具有极高的稳定性和可重复性。

2016 年 3 月 4 日，美国哈勃空间望远镜观测到了 GN-z11 星系。这个星系异常明亮。科学家指出，哈勃空间望远镜所观测到的是它在宇宙大爆炸后 4 亿年的样子，所以，它还是一个"婴儿星系"。GN-z11 星系位于大熊星座方向，距离地球 134 亿光年，是目前人类观测到的距离地球最远的星系。

宇宙的命运

宇宙的命运走向其实对人类没有实际的影响，因为它发生在遥远的未来。尽管如此，宇宙命运的问题就像宇宙的起源问题一样，总是被人们不断地提出来。

两种相反力量

科学家指出，宇宙的最终命运取决于两种相反力量长时间"拔河比赛"的结果：一种力量是宇宙的膨胀，在过去的 100 多亿年里，宇宙的扩张一直在使星系之间的距

离拉大；另一种力量则是这些星系和宇宙中所有其他物质之间的引力，它会使宇宙扩张的速度逐渐变慢。如果引力足以使扩张最终停止，宇宙注定会坍缩，最终变成一个大火球——"大崩坠"；如果引力不足以阻止宇宙持续膨胀，它最终将变成一个漆黑寒冷的世界。

超**神奇**！

根据"宇宙膨胀"理论，宇宙始于一个像气泡一样的虚无空间，在这个空间里，宇宙最初的膨胀速度要比光速快得多。在膨胀结束之后，最终推动宇宙高速膨胀的力量也许并没有完全消退，它还在推动宇宙持续膨胀。

物质间的"刹车闸"

宇宙的命运还取决于它的总质量。因为在物质互相飞离时，它们之间的吸引力起到了"刹车"的作用。如果这个"刹车"作用较弱，那么尽管宇宙的膨胀速度变慢，也永远不会停下来。与此相反，在物质足够充分的情况下，宇宙的膨胀速度会越来越慢，一直到零（刹住）为止。随后，物质之间的吸引力会使宇宙重新回缩，最终，宇宙的密度将逐渐增大，而体积则会越缩越小。

宇宙科学馆

有的科学家认为，宇宙最终或许会收缩成一个炽热的小火球，如同宇宙大爆炸之前那样。

闪耀宇宙的星系

在天文学中，我们把由千百亿颗恒星以及分布在它们之间的星际物质组成的庞大天体系统叫作"星系"。

超神奇！

星系又被称为宇宙岛，是构成宇宙的基本单位。星系内部的恒星都在运动，整个星系也在空间中运动。

星系的产生

按照"宇宙大爆炸"理论，第一代星系大概形成于宇宙大爆炸发生后 5 亿年。在宇宙诞生之初，有一次原始能量的爆发。随着宇宙的膨胀和冷却，引力开始发挥作用，然后，幼年宇宙进入一个被称为"暴胀"的短暂阶段。原始能量分布中的微小涨落随着宇宙的暴胀也从微观尺度急剧放大，从而形成了一些"沟"，星系团就

是沿着这些"沟"形成的。

星系类型

在宇宙中，没有两个星系的形状是完全相同的，每一个星系都有自己独特的外貌。但由于所有星系都是在有限的条件范围内形成的，所以它们有一些共同的特点，这使人们可以对它们进行大体的分类。在多种星系分类系统中，天文学家哈勃于 1926 年提出的星系分类系统是目前应用最广泛的一种。哈勃根据星系的形态把它们分成三大类：椭圆星系、旋涡星系和不规则星系。椭圆星系光度平滑分布且无结构，外形呈圆形或椭圆形；旋涡星系是具有中央亮核球和核球外旋涡结构的一类河外星系；不规则星系是外形不规则，结构无明显对称性

的一类河外星系。宇宙中的大部分大星系是旋涡星系，其次是椭圆星系，不规则星系占的比重最小。

星系碰撞

宇宙中的星系并不安分，它们因不满足于"狭小"的活动范围而向外出走，这时就很容易发生星系碰撞。星系碰撞是宇宙中最壮观、最惨烈的景象之一。科学家发现我们所处的银河系和它的"近邻"仙女座星系正在慢慢靠近，几十亿年后两者将发生一次剧烈碰撞。碰撞后，银河系和仙女座星系将相互融合，形成一个新的椭圆星系。

宇宙科学馆

蝌蚪星系是一个位于天龙座的奇特星系，比银河系大得多，距离我们有4亿多光年。它拖着一条长长的尾巴，看起来就像一只蝌蚪，因此得名蝌蚪星系。蝌蚪星系是由一个小星系撞击大星系形成的。

浩瀚的银河系

银河系是一个由 2000 多亿颗恒星、数千个星团和星云组成的盘状恒星系统，因其主体部分投影在天空上的亮带被我国称为"银河"而得名。

银河系的形状

银河系呈现中间厚、边缘薄的扁平盘形，看起来就像体育项目中的铁饼。之所以会有这样的观感，是因为银河系中的所有星星都在围绕着银河系的中心飞速旋转。

银河系的组成

银河系物质的主要部分组成一个薄薄的圆盘，叫作银盘。它的质量占银河系总质量的 85%~90%。银盘中心隆起的近似于球形的部分叫作核球，在核球区域，恒星高度密集。核球中心有一个很小的致密区，叫作银核。银盘外面是一个范围更大、近于球形的区域，其中

宇宙科学馆

在银河系的核心部分，我们可以观测到强烈的 X 射线辐射，而且红外辐射也特别强。

物质密度比银盘内部低得多，叫作银晕。银晕外面还有银冕，它的物质分布大致也呈球形。

从地球上观测银河系

我们抬头仰望星空时，通常看到的银河是银河系的一部分，并不是整个银河系。

从地球上观测，银河中心位于人马座方向，是银河最亮的部分。银河像一条白色光带从人马座延伸到御夫座，然后又从其他路径绕回到人马座附近。在一年

超神奇！

在北半球的夏季夜空，银河是重要的标志之一，此外，天琴座的织女星和天鹰座的牛郎星，以及天鹅座的天津四所构成的"夏季大三角"也是一个重要的标志。银河从这个大三角里向北伸展，横贯天空，气势磅礴，极为壮美。

当中，银河出现在天空的位置会有变化，有时很高，有时又很低。如果在地球北纬 65°～南纬 65° 之间观测银河，观测者会在一天之内看到银河经过头顶的天空两次。

"银心" 之谜

银河系很大，那么它的中心在哪里呢？关于"银心"，几百年来一直众说纷纭。

"太阳"说

古希腊人认为，人类居住的地球是宇宙的中心。16 世纪，哥白尼把地球的地位降为一颗普通行星，把太阳作为宇宙中心天体。18 世纪，赫歇尔认为，太阳是银河系的中心。20 世纪，美国天文学家沙普利提出了一种确定银河系大尺度结构的方法——球状星团。球状星团呈球形，由成千上万颗恒

超神奇！

"银心"离我们不算远，但对"银心"的观测并不容易，因为"银心"充满了尘埃。这层厚厚的"面纱"让人难以看清其中的奥秘。

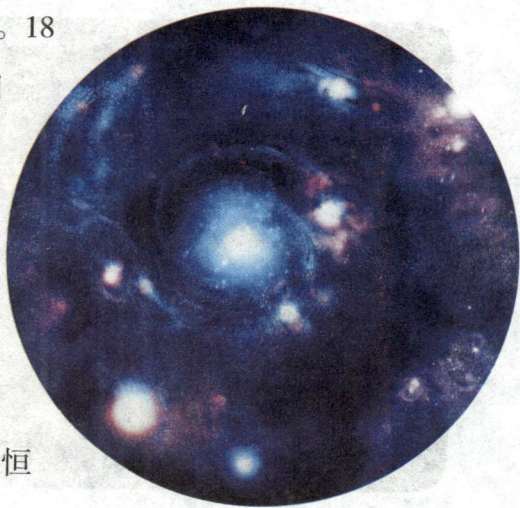

星组成，总光度惊人，所以即使距离很远也能观测到。沙普利绘制了球状星团的三维分布图，发现太阳位于球状星团的边缘，离"银心"几万光年。由此，太阳是"银心"的说法不攻自破。

"黑洞"说

20世纪80年代，美国天文学家探测到以每秒200千米的速度围绕"银心"运动的气体流，它离"银心"越远，速度越慢。他们推测这是"银心"黑洞影响的结果。美国还有一些天文学家宣布探测到"银心"的射电源，这一结果说明"银心"可能真是一个黑洞。

苏联一些天文学家则认为，证明"银心"是黑洞的证据还不够充足。他们认为，"银心"可能是恒星的诞生地，因为其中有大量的分子云，总质量为太阳质量的10万倍。

美国天文学家海尔斯为判断"银心"是不是一个黑洞提出了一个新思路，即观察一对质量与太阳相当的双星从黑洞旁掠过时，其中一颗被黑洞吸进后，另一颗是否会以极高速度被抛射出去。

总而言之，要搞清楚"银心"的构成，仍有许多工作要做。

宇宙科学馆

人们主要靠接收尘埃无法遮挡的红外线和射电波来不断加深对"银心"的了解，美国贝尔实验室的工程师卡尔·詹斯基是最先接收到"银心"射电波的。

遥远的河外星系

河外星系是银河系以外，同银河系类似的天体系统。它主要由恒星、星云、星际气体和尘埃等组成。

名称的演变

河外星系一般用肉眼看不见，就是通过一般望远镜去观察，也只是一片雾气，跟星云一样，所以

超神奇！

目前已经发现了 10 亿个以上的河外星系，探索距离达到几百亿光年。

人们以前一直把它们当作星云，称为河外星云。后来经过深入的研究，天文学家才发现它们完全是两码事：河外星云实际上是和我们银河系类似的星系，而前文所说的真正的"星云"，则是由气体和尘埃组成的云雾状天体。因此，现代天文学中再也不用

"河外星云"这个词了，而一律改称"河外星系"。

宇宙科学馆

仙女座星系是位于仙女座方向的巨大的旋涡星系，是在北半球用肉眼可以看到的最亮的星系，同时也是离地球最近的星系。

仙女座星系

仙女座星系是最早被证实的河外星系，最初叫作仙女座大星云。1924 年，美国天文学家哈勃用望远镜在仙女座大星云的边缘找到了被称为"量天尺"的造父变星，利用造父变星的光变周期和光度的对应关系才确定了仙女座大星云的准确距离，证明它确实是银河系

之外巨大、独立的恒星集团。这样，人们才最后确认了河外星系的存在。

麦哲伦云

麦哲伦云包括大麦哲伦云和小麦哲伦云两个星系，它们是银河系附近的两个星系，分别距离地球约 16 万光年和约 19 万光年。大麦哲伦云在剑鱼座和山案座的交界处，小麦哲伦云在杜鹃座，它们都属于不规则星系。

千变万化的星云

星际物质密度较大的区域可以观测到雾状斑点，那就是星云。星云形状多变，主要由星际空间的气体与尘埃构成。

行星状星云和弥漫星云

星云的形状千奇百怪。有的星云呈圆盘状或环状，发出淡淡的光，很像一颗大行星，称为行星状星云。它是恒星演化晚期因星体物质向四周抛射而形成的。著名的行星状星云有蝴蝶星云、猫眼星云等。有的星云形状很不规则，呈弥漫状，没有明确的边界，叫弥漫星云。著名的弥漫星云有猎户星云、马头星云等。

蝴蝶星云

蝴蝶星云位于蛇夫座区域内，因为其形状像一只飞舞的蝴蝶而得名。蝴蝶星云最引人注目的就是它那一对大"翅膀"。蝴蝶星云虽然形状奇特，其组成物质却是常见的氢、氦、氧和碳等元素。这些元素分布在不同区域，因此星云在不同区域会发出不同颜色的光，如氧元素会发出蓝色的光。

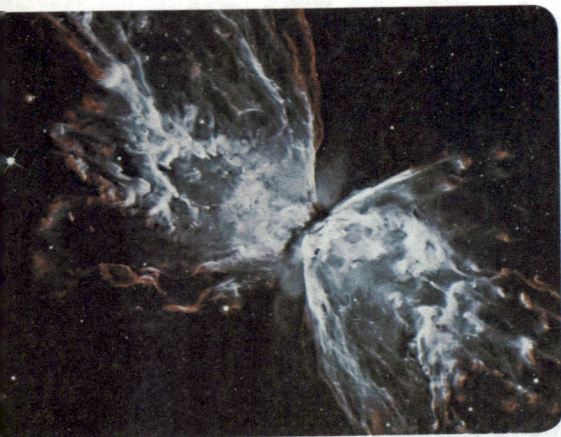

宇宙科学馆

星云一般按照其所在的位置或形状命名。如猎户座星云按照其位置命名，马头星云按照其形状命名。

猫眼星云

猫眼星云是一个行星状星云，它的编号是NGC6543。在猫眼星云里可以看到由各种物质构成的环、螺旋和像绳结一样扭曲的结构，这些都是星云中心的恒星在抛出物质的时候形成的。和大多数行星状星云一样，猫眼星云内的物质主要是氢和氦，还有碳、氮、氧和其他微量元素。

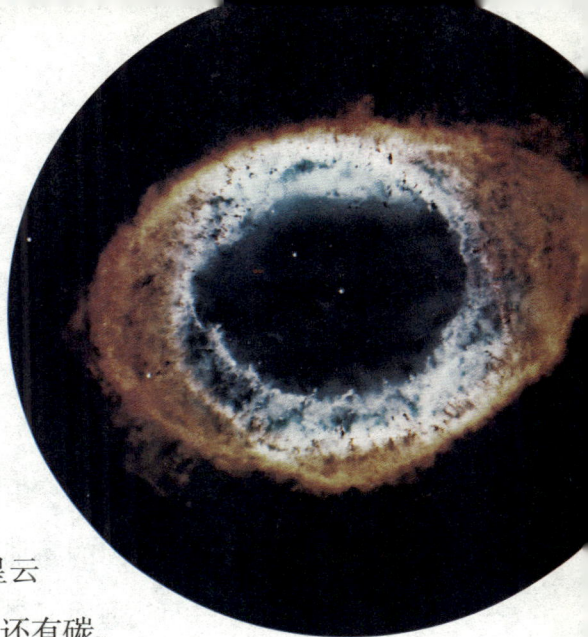

猎户星云

在古代，人们一直认为猎户星云是一颗星星，直到望远镜出现以后，才发现它是一个星云。猎户星云的编号是 M42。它距离地球约 1500 光年，质量是太阳的 300 倍。猎户星云是一个能发光的气体星云，也是目前仅有的几个能

超神奇！

星云里的物质密度很低，很多地方是真空。但是星云的质量极大，普通星云的质量往往相当于上千个太阳。

用肉眼看见的星云之一。同时，猎户星云还是著名的恒星诞生区。

马头星云

马头星云是一个暗星云，由黑暗的尘埃和旋转的气体构成，是猎户座分子云团的一部分。马头星云因其形状从地球上观测酷似马的头部而得名，它也因此成为星空非常容易辨认的星云之一，但对于天文业余爱好者来说，马头星云很难观测到，所以他们经常将其作为检验自己观测技术的天体。

危险的小行星

小行星是指太阳系内一种类似于行星的小天体。小行星沿椭圆轨道绕太阳做周期性运动，大多数小行星的公转周期为 3.3~5.7 年。

小行星带

在火星和木星的轨道之间，有一个小行星密集的区域，被称为小行星带，科学家在太阳系能够探测到的小行星有 98.5% 位于这里。小行星带是由原始太阳星云中的一群星子（行星前身）形成的，但是由于木星的引力影响，阻碍了它们形成行星，使得它们彼此发生碰撞，最终留下许多残骸和碎片。

小行星的体积

小行星的体积相差极大，最

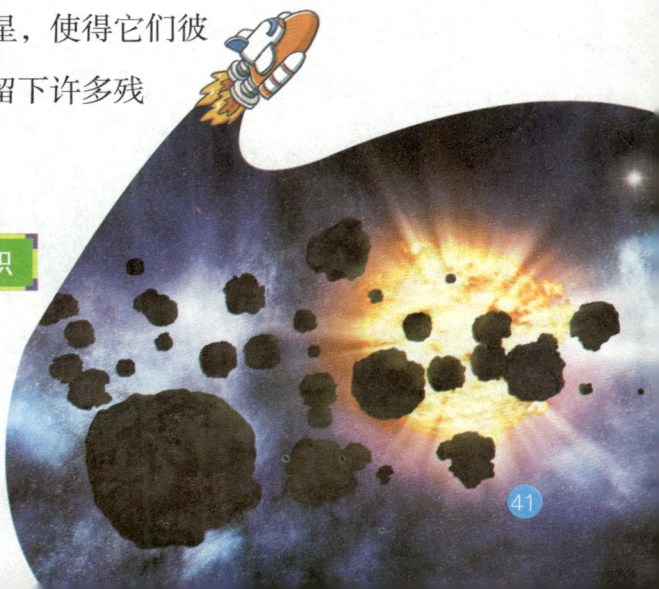

小的只有鹅蛋大小。科学家们估计，太阳系小行星带内直径超过 1 千米的小行星至少有 100 万颗，直径大于 100 千米的小行星有 200 颗左右，而直径小于 1 千米的则难以计数。

小行星的形状

小行星的形状可谓五花八门，大部分是不规则的。比如，第 1620 号小行星像一根长条状的香肠，第 524 号小行星则呈哑铃状，有的小行星像奇形怪状的鱼，也有的像丑陋的大红薯，真是千姿百态。

超神奇！

根据国际规定，小行星的发现者拥有它的命名权。起初小行星多半以古希腊、罗马神话中神的名字命名，后来开始以地名、人名等命名。

近地小行星

宇宙科学馆

根据组成成分的不同，小行星大致可分为三类：碳质小行星、石质小行星、金属小行星。

太阳系中的小行星多数集中在火星和木星轨道之间的小行星带上，但也有许多小行星不在小行星带上，而在地球附近，它们与太阳的平均距离和地球与太阳的距离差不多，被称为近地小行星。近地小行星又可分为阿莫尔型、阿波罗型和阿登型。阿莫尔型小行星基本不会对地球造成威胁；阿波罗型小行星和阿登型小行星能够越过地球轨道，撞击地球，给地球带来灾难，尤其是阿登型小行星对地球的威胁最大。

43

备受瞩目的类星体

类星体是一种人类观测到的光度极高、距离非常遥远的天体，大多数的类星体是射电宁静的。据观测发现，类星体比星系小得多，但其所释放的能量比星系大很多。

类星体的命名

在 20 世纪 60 年代，天文学家通过观测，发现了一种奇异的天体，从拍摄到

超神奇！

类星体与脉冲星、宇宙微波背景辐射和星际有机分子并称为 20 世纪 60 年代"天文学四大发现"。

的照片来看，这种天体形态类似恒星但又能确定不是恒星，其光谱像行星状星云但也能确定不是星云，其发出的射电像星系但也不是星系，因此天文学家称它

为"类星体"。

定义假说

类星体自 1960 年被发现至今，一直让天文学家感到困惑不解。人们提出了各种模型假说，如黑洞假说、白洞假说、巨型脉冲星假说、近距离天体假说等，来解释类星体的能量来源。

黑洞假说：类星体的中心存在一个质量很大的黑洞，一直在不停地吞噬周围的物质，并辐射出能量。

白洞假说：类星体的中心是一个白洞，与黑洞正好相反，一直在不断地向外释放物质和能量。

巨型脉冲星假说：类星

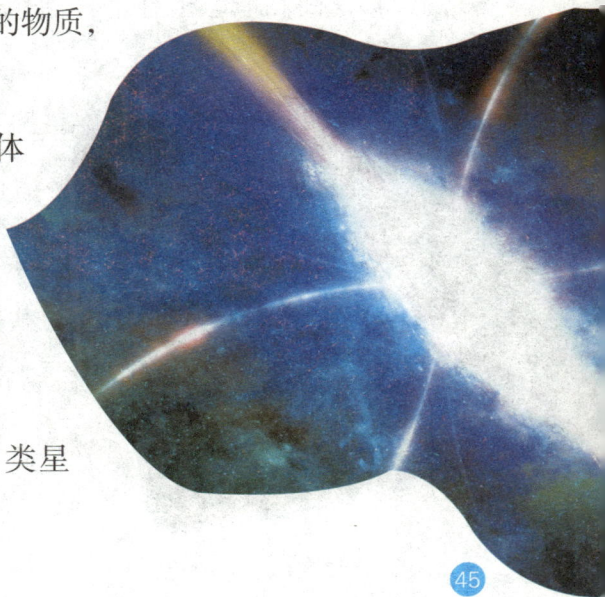

45

体是一种巨型的脉冲星，其能量来源于其所发射的电磁脉冲信号的扭结。

近距离天体假说：类星体的一个显著特点就是具有

宇宙科学馆

经过不断的观测研究，有越来越多的证据表明，类星体其实是一种活动星系核，基于此，天文学家普遍认为，在星系的核心位置有一个质量超大的黑洞。

很大的红移，天文学家认为星系距离地球越遥远，其红移效应就越大，而类星体是目前所能观测的最远的星系，这可能代表它处于宇宙的边缘。但近距离天体假说认为，类星体是一种处于银河系边缘高速向外运动的天体，其巨大的红移是由和地球相对运动的多普勒效应引起的。

除上述几种假说外，有些天文学家还提出了超新星连环爆炸假说和恒星碰撞爆炸假说。这两种假说的共同点在于，它们都认为在宇宙初期，星系核的密度极大，常发生超新星爆炸或恒星碰撞爆炸。

吞噬一切的黑洞

黑洞是宇宙中一些拥有强大引力的暗天体，一切东西只要被它吸进去，就不能再出来，好像掉进了无底洞一样，所以人们把它叫作黑洞。

黑洞的成因

关于黑洞的成因众说纷纭。有人认为它是老年恒星坍缩的产物：恒星在其晚年，因核燃料被消耗完，便在自身引力作用下开始坍缩，如果坍缩星体的质量超过太阳的 3.2 倍，那么，其坍缩的产物就是黑洞。有人认为超新星爆发、星系团坍缩等也会形成黑洞。还有人认为在宇宙大爆炸时，因一种特殊的力量把一些物质挤压得非常致密，便形成了"原生黑洞"。

黑洞的演化过程

一颗恒星最初只含有氢元素，后来其内部不断发生核聚变，逐渐产生了氦元素、锂元素、铍元素……直到产生铁元素。由于铁元素非常稳定，其参与核聚变时所产生的能量很小，之后恒星内部没有足够的能量来支撑其巨大的外壳，核心就会在外壳的重力作用下开始坍缩，物质迅速向中心收缩。当核心的半径收缩到一定程度时，就会形成一个密度非常高的物质，也就是黑洞。

黑洞的类型

根据黑洞本身的物理特性，黑洞可分为以下四类：

（1）不旋转不带电荷的黑洞（史瓦

宇宙科学馆

黑洞有单个黑洞，也有双黑洞。双黑洞是由两个相互绕转的黑洞组成的系统，这两个黑洞可能会发生碰撞，并最终形成一个巨型黑洞。

西黑洞）；

　　（2）不旋转带电荷的黑洞（R-N 黑洞）；

　　（3）旋转不带电荷的黑洞（克尔黑洞）；

　　（4）旋转带电荷的黑洞（克尔–纽曼黑洞）。

黑洞的观测

　　与别的天体相比，黑洞显得十分特殊。由于黑洞引力场的作用，任何物质一旦掉进去，就再也无法逃出来，连光线也是如此。没有光线的帮助，人们就没有办法直接观测和了解黑洞。不过，由于黑洞的吸引，黑洞附近的星体会发生一些变化，一旦有物质坠入黑洞，就会产生强烈的X射线。人们通过观察X射线及附近区域的星际物质的变化，就能"看到"黑洞。

超神奇！

2017 年 12 月，美国卡内基科学研究所的科学家发现了有史以来最遥远的超大质量黑洞，其质量是太阳的 8 亿倍。

幻想中的白洞

目前，白洞还只是一种科学假说，用来解释一些高能天体现象，尚未被观测所证实。物理学家和天文学家认为白洞是一种致密物体，其性质与黑洞完全相反。

"白洞"名字的由来

从定义上来说，白洞的性质与黑洞完全相反，白洞并不吸收外部物质，而是不断地向外围喷

超神奇！

科学家们猜想：白洞也有一个与黑洞类似的封闭边界，但与黑洞不同的是，白洞内部的物质和各种辐射只能经边界向外运动，而白洞外部的物质和辐射却不能经边界进入其内部。

射各种星际物质和宇宙能量，是宇宙中的一种喷射源。简单来说，白洞相当于时间呈现反转的黑洞，进入黑洞的物质，最后会

宇宙科学馆

如果将黑洞当成一个只进不出的"入口"，那么白洞就等同于一个只出不进的"出口"。科学家将连接黑洞和白洞的通路称作"灰道"（"虫洞"）。

从白洞出来，出现在另外一个宇宙中。正是由于它具有和"黑洞"完全相反的性质，所以叫"白洞"。

白洞的成因

大多数天文学家认为，宇宙诞生的那一时刻，即宇宙由原初极高密度、极高温度的状态开始大爆炸时，由于爆炸的不完全和不均匀，可能会遗留下一些超高密度的物质尚未爆炸，需要等到一定的时间以后才开始膨胀和爆炸，这些遗留下来的致密物

质成为新的局部膨胀的核心，也就是
白洞。

　　另一种观点认为，白洞可直接由黑洞转变过来，白
洞中的超高密度物质是由引力坍缩形成黑洞时获得的。黑
洞的蒸发使其质量减小、温度升高，这样又促使自身蒸发
进一步加剧。这个过程继续下去，黑洞的蒸发便会愈演愈
烈，最后以一种"反坍缩"式的猛烈爆发而告终。而这个
过程正好表现为白洞不断向外喷射物质的行为。目前，白
洞是由黑洞直接转变过来的观点，也越来越受到各国科学
家们的关注。

耀眼的太阳系

太阳系是一个由太阳和以太阳为中心、受太阳引力而环绕它运行的天体所构成的系统，包括太阳、八大行星及其卫星、矮行星、小行星、彗星、流星体和行星际物质等。其中，太阳就占了整个太阳系总质量的99%，八大行星又占了剩余质量的90%以上，矮行星等其他天体的总质量所占比例极其微小。

宇宙科学馆

分布在行星际空间的小碎粒和尘埃，叫作流星体。

太阳

太阳，简称"日"，是太阳系的中心天体，也是距离地球最近的一颗恒星。太阳的直径为139.2万千米，体积是地球的130万倍，质量是地球的33万倍。太阳是一个炽热的气体球，其表面有效温度为6000℃，由外到内，温度逐渐升高。太阳内部时刻发生着热核反应，并由内到外以辐射的方式把热核反应产生的能量发射到宇宙空间。

八大行星

在2006年以前，天文学家们认为太阳系中有九大行星，还包括冥王星。但是在2006年第26届国际天文学联合大会上，根据新提出的行星定义，冥王星不符合行星范畴，因此将其划为矮行星，从此，"八大行星"的说法确立了下来。八大行星分别是水星、金星、地球、火星、木星、土星、天王星和海王星。
其中，除金星和天王星外，其
他六颗行星的自转方向与
公转方向一致。

超神奇！

美国科学家推测，在太阳系中还有一颗不为人知的巨型行星，质量约为地球的10倍，一旦得到确认，它将成为太阳系第九大行星。

八大行星按质量、大
小、化学组成以及和太阳之
间的距离等标准，大致可以分为
三类：类地行星（水星、金星、地球、火星）；巨行星
（木星、土星）；远日行星（天王星、海王星）。

它们在公转时有共面性、同向性、近圆性等特征。在
火星与木星之间存在着数十万颗大小不等、
形状各异的小行星，天文学家把这个
区域称为小行星带。除此以外，太
阳系还包括许许多多的彗星和无
以计数的天外来客——流星。

矮行星

2006 年的第 26 届国际天文学大
会不仅提出了新的行星定义，还确认了矮

行星的称谓与定义。行星的定义：必须围绕恒星运转；质量足够大，可依靠自身引力克服其刚体力而使天体呈圆球状；能够清除其轨道上的其他物体，即其轨道附近没有其他物体。如果一颗天体不是卫星，但只满足前两个条件，则被划分为"矮行星"。太阳系中共有 5 颗矮行星，分别是冥王星、鸟神星、妊神星、谷神星、阋神星。

矮行星的外幔和表面由一些低熔点的化合物组成，有的也会混杂一些岩石质的矿物质，其中，低熔点的化合物主要由冰冻的水和气体元素组成，而岩石质的矿物质主要由重元素化合物组成。据天文学家研究推测，矮行星的外幔占星体总质量的比例较小，其内部可能还有一个岩石质的核心，占星体总质量的绝大部分。

明亮的行星环

在我们看到的照片中，行星大多被一圈环状物质围绕着，它像为行星披上了彩带，又像为行星戴上了王冠，令行星显得分外美丽。我们称这些环状物质为"行星光环"。它们是由众多小物体组成，靠反射太阳光而发亮。

土星环

土星及土星环在太阳系早期就形成了，主要由岩石、尘埃和冰块组成，和土星赤道在同一平面上，倾斜地对着太阳。当土星运行到其轨道的一端时，我们可由上往下看见光环近的一面，而远的一面会被遮住。当土星运行到轨道的另一端时，我们就可由下往上看到光环近的一面，而

远的一面则会被遮住。

土星从轨道的这一侧转到另一侧需要十几年。在这段时间内，光环也逐渐由最下方移向最上方。行至半路时，光环恰好移动到中间位置，这时我们观察到光环两面的边缘连接在一起，状如一条线。随后，土星继续运行，沿着另一半轨道绕回起点，这时光环又逐渐由最上方向最下方移动。

超神奇！

八大行星中，土星、木星、天王星、海王星都有行星光环，其中土星的光环又大又亮，最为著名，也最容易被观察到。

木星环

现在已知的木星环主要由亮环、暗环和内晕三部分组成。环的厚度不超过30千米。亮环离木星中心约12.2万千米，宽约7000千米。暗环在亮环的内侧，宽可达5万千

米左右，其内边缘几乎同木星大气层相接。内晕位于主环内，向内延伸，垂直厚度约为 1.5 万千米，它在暗环两旁延伸到最远点，外边界则比亮环远。

天王星环

天王星被发现近 200 年后，人们才知道它也有环带。和木星环一样，天王星的环带细而暗，地面上的大型望远镜也看不见它。1977 年，天文学家利用天王星掩饰恒星的机会来探讨天王星是否存在环带。如果有环带，当它挡住恒星时，恒星的光度会变暗，所以从被掩恒星的光度变化

确认了天王星环带的存在，当时发现的天王星环有 9 个。

1986 年，"旅行者" 2 号探测器飞越天王星时，又发现了两个新环带，此时天王星环增加到 11 个。2005 年 12 月，哈勃空间望远镜又侦测到一对先前未曾发现的圆环，自此，天王星环数量增加到 13 个。

宇宙科学馆

"旅行者" 2 号是美国国家航空航天局研制的空间探测器，于 1977 年 8 月 20 日在肯尼迪航天中心发射升空。

海王星环是 1989 年 8 月"旅行者"2 号探测器与海王星会合时发现的。在地球上观察到的海王星环并不完整，只是一些暗淡模糊的圆弧。经研究，天文学家确认海王星有 5 条光环，将最外侧的一条光环命名为"亚当斯环"，并将此环中几段明亮的弧依次命名为"自由""平等"和"互助"。天文学家研究发现，亚当斯环中的三段弧似乎都在消散，其中"自由"弧消散得最为明显。如果照这种趋势继续下去，"自由"弧将在 100 年内彻底消失。

忠诚的卫星

在太阳系行星的周围，我们会看到一些小的天体，在沿一定的轨道围着行星不知疲倦地一圈一圈地旋转，这些天体被称为卫星。

卫星的种类和数量

宇宙科学馆

人造卫星的用途非常广泛，按照用途可划分为气象卫星、导航卫星、侦察卫星、通信卫星、测地卫星等。

卫星包括人造卫星和天然卫星两种：人造卫星是人类设计出来，发射到宇宙空间执行各种任务的航天器；天然卫星

本来就存在于宇宙中，与行星如影相伴，例如我们所熟悉的月亮，就是地球唯一的天然卫星。

太阳系已知的天然卫星有 180 余颗。木星有木卫一、木卫二、木卫三、木卫四等 79 颗天然卫星，土星有土卫一、土卫二、土卫三、土卫六、土卫九等 62 颗天然卫星，火星只有火卫一、火卫二 2 颗天然卫星，天王星有天卫一、天卫二、天卫六等 27 颗天然卫星，海王星有海卫一、海卫二、海卫五、海卫八等 14 颗天然卫星。最大的天然卫星是木卫三，土卫六次之。

天然卫星的转动方式

天然卫星绕行星转动的方式有两种：和行星绕太阳转动的方向一致的，

超神奇！

海卫一又被称为"蓝色卫星"，因为它的赤道地带被冰冻的甲烷气体所覆盖，所以显示为蓝色。

称为顺行；和行星绕太阳转动方向相反的，称为逆行。除了公转，卫星本身也会自转。几乎所有的天然卫星，自转周期和公转周期都是相同的。

无天然卫星的行星

在八大行星里，水星和金星是没有天然卫星的。这是因为，从拥有天然卫星的条件来看，除了要有足够大的质量，还必须有一定的自转速度。水星和金星虽然具备了质量条件，但自转速度太慢，所以没有天然卫星。

多样的太阳活动

太阳活动是发生在太阳大气层中一切活动现象的总称，主要有太阳黑子、太阳耀斑、日珥和太阳风等。

太阳黑子

超神奇！

当太阳上有大群黑子出现的时候，地球的磁场就会受到影响，指南针无法正确地指示方向，甚至连鸽子都会迷路。地球上的无线电通信业受到阻碍，其危险是极大的，这将直接威胁到飞机、轮船和人造卫星的安全运行。

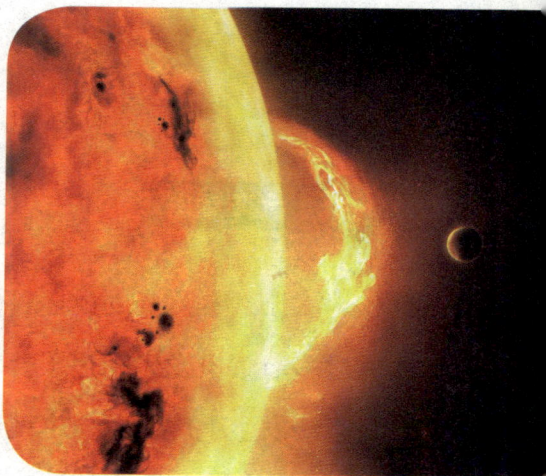

黑子，也叫日斑，是太阳表面一些旋涡状的气流，形状就像一个个浅的盘子，中间向下凹陷。太阳黑子的温度很高，有几千摄氏度，之所以看起来是黑点，是因为比起太阳表面的其他地方，它的温度要低一两千摄氏度，在更加明亮的光球对

比下，就成为没有什么亮光的黑斑了。

黑子很少"单独行动"，常常"成群结队"地出现。大黑子周围常存在一些小黑子，形成复杂的黑子群。黑子群形成之后，不会一直存在，而是会缓慢地消逝。黑子的平均寿命约为1天，但也有少数的大黑子可存在数月甚至1年以上。当大黑子群出现并形成旋涡状结构时，就表明太阳上将会发生剧烈的变化，一般会发生耀斑等剧烈的活动。

太阳耀斑

太阳耀斑是最剧烈、对地球影响极大的太阳活动现象。多数耀斑发生在黑子群的上空，而且黑子群的结构越复杂，发生大耀斑的概率就越高。正常发展的黑子群几乎几小时就会产生一个耀斑。

　　耀斑的能量虽然仅占太阳辐射总能量的万分之一，却相当于上百亿颗巨型氢弹同时爆炸所产生的能量。人类在第一次观测到耀斑现象的时候，地球上就出现了电信中断、地磁台记录到强烈磁暴等情况。

日珥

　　太阳的色球层中有许多细小的火舌在不停地跳动着，不时还有一束束很高的火柱蹿起来，这些蹿得很高的火柱就叫作日珥。日珥是一种十分美丽、壮观的太阳活动现象，因其看起来像太阳边缘的耳环而得名。日珥的多少与太阳活动强弱有关，周期约 11 年。日珥按照活动程度可以分为宁静日珥、活动日珥和爆发日珥，最为壮观的当属爆发日珥。

太阳风

　　太阳风是日冕因高温膨胀而不断向行星际空间抛射出的粒子流。这种物质与地球上的空气不同，是由比

空气更简单、比原子还小的质子和电子等组成的，但它们流动时所产生的效应却和空气流动十分相似，所以被人们称为太阳风。

太阳风的密度与地球上风的密度相比极为稀薄，但它刮起来的猛烈劲儿却远远胜过了地球上的风。太阳风虽然猛烈，却不会吹袭到地球上来，这是因为地球有磁场保护着自己。然而百密一疏，仍然会有少数"漏网分子"闯进来。它们会干扰地球的磁场，破坏地球电离层的结构，造成无线电通信中断；它们还会影响大气臭氧层的化学变化，甚至会进一步影响到地壳，引起火山爆发和地震。

宇宙科学馆

太阳风可分为两种：一种持续不断地辐射出来，速度较小，粒子含量也较少，被称为"持续太阳风"；另一种在太阳活动时才辐射出来，速度较大，粒子含量也较多，被称为"扰动太阳风"。

奇特的太阳振荡

　　20世纪60年代初，美国天文学家莱顿意外发现太阳大约每隔5分钟起伏振荡一次。太阳这种上下振荡的现象和以前所发现的太阳黑子、日珥等太阳活动都不同，它不仅具有周期性，而且整个日面无处不在振荡。这一项天文学的重大发现令人们惊讶不已。后来，太阳表面大气这种周期性的起伏运动被称为"太阳振荡"。

超神奇！

　　太阳内部产生振荡的因素可能有三个，即气体压力、重力和磁力，由它们所造成的波动分别称为声波、重力波和磁流体力学波。

太阳振荡的特点

　　太阳振荡每发生一次都会持续很多个周期，每个周期约5分钟。当太阳振荡发生时，在太阳表面水平方向

1000~50000千米的范围内，太阳表面的物质几乎同起同落。据天文学家推测，5分钟的振荡可能与太阳对流层产生的波动有较为密切的联系。除太阳表面外，天文学家在太阳光球层之外的色球层也观测到了相似振荡，只是周期较短。

"多普勒效应"观测法

多普勒效应的主要内容是物体辐射的波长因为波源和观测者的相对运动而发生变化。观测者在运动的波源前面，波长就会变短，频率随之变高；而观测者在运动的波源的后面，波长就会变长，频率随之变低。波源的运动越快，这种效应越明显。我们知道，光也是一种波，所以也存在"多普勒效应"。当光波靠近或远离观测者时，光的频率也会发生变化。所以，只要通过观测太阳光谱频率的变化，就可以确定太阳表面的气体的上下振荡。

莱顿正是采用"多普勒效应"观测法发现了太阳振荡这一现象。

 振荡周期

宇宙科学馆

太阳的声波是与地球内部的地震波有些相似的连续波，它们传播的速度和方向依赖于太阳内部的温度、化学成分、密度和运动。所以，天文学家正在研究观测到的太阳振荡现象，希望通过分析这些振荡，来探索太阳内部的奥秘。

有人认为太阳振荡可能是一种仪器效应，也可能是地球大气周期性变化的反映。后来，美国斯坦福大学的一个天文小组用一台太阳磁像仪观测到太阳的振荡周期为 160 分钟。一个法国天文小组在南极进行了 128 个小时的连续观测，同样观测到太阳的振荡周期为 160 分钟。南极夏季每天 24 小时都能看到太阳，不存在大气的周期活动问题。另外还有两个相距几千千米的天文台同时进行观测，也都观测到太阳的这种长周期振荡现象。这两个天文台相距遥远，在长时间观测中，大气的影响可以相互抵消。太阳的振荡周期为 160 分钟这个观点最终得到了证实。

诡异的水星凌日

当水星走到太阳和地球之间时，我们在太阳圆面上会看到一个小黑点穿过，这种现象称为水星凌日。

水星凌日的成因

超神奇！

水星凌日平均每100年发生13次。最近一次凌日是在2019年11月11日。

水星凌日的成因与日食相似。一般来说，水星和地球的绕日运行轨道不在同一个平面上，而是有一个倾角，因此，只有水星和地球两者的轨道处于同一个平面上，而太阳、水星、地球三者又恰好连

成一条直线时，才会
发生水星凌日。

　　水星比月球离地球
远，视直径仅为太阳的
1/190。水星只能挡住太阳的
极小部分面积，不足以使太阳亮
度减弱，所以我们用肉眼是看不到水
星凌日的，只能通过望远镜进行投影
观测。观测时我们会发现一个黑色小
圆点横向穿过太阳圆面，而那个黑色
小圆点就是水星的投影。

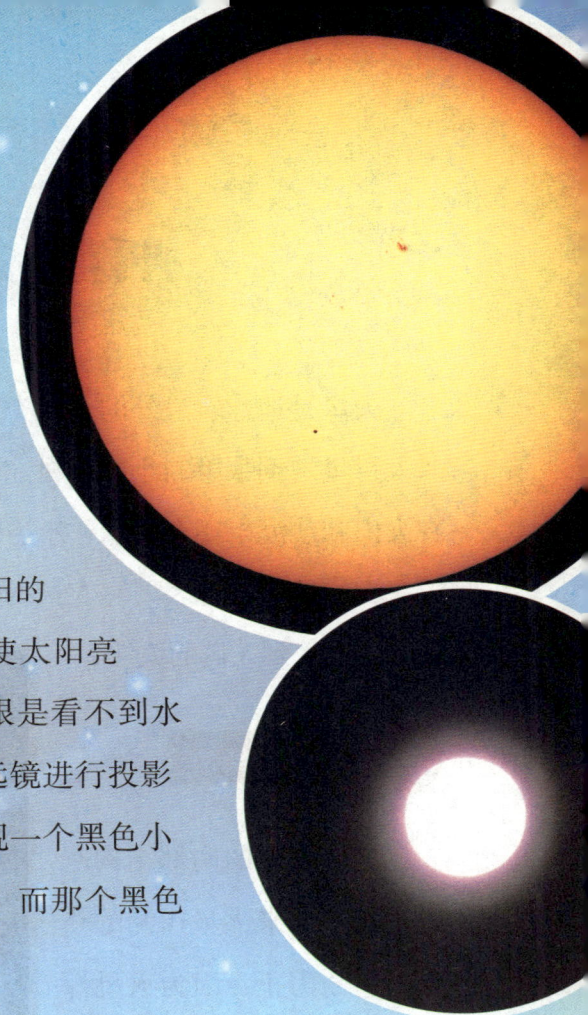

宇宙科学馆

　　地球在每年5月8日
前后经过水星轨道的降交
点，在每年11月10日前
后经过水星轨道的升交点。
所以，水星凌日很可能发
生在这两个日期前后。

神秘的火星

火星是地球轨道外的一颗类地行星，同时也是太阳系八大行星中倒数第二小的行星。通过探测发现，火星表面有火山和沙漠，还有河床、水道和流域地形等，说明火星曾有大量的水，地表下有大量的水资源。为此，火星生命现象长期受到人们的关注。

火星的结构

了解火星的内部结构是过去几十年来火星探测的热点。迄今为止，因为火星探测器无法在火星上进行深入的探索，所以对于火星内部结构的相关知识，科学家们

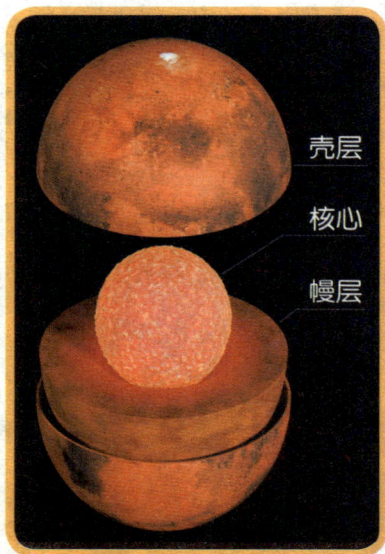

壳层

核心

幔层

只能根据火星表面情况的相关数据来推断。一般认为，火星的核心由高密度物质组成，外面包裹着一层熔岩，这层熔岩比地球的地幔稠，最外面是一层薄薄的壳。

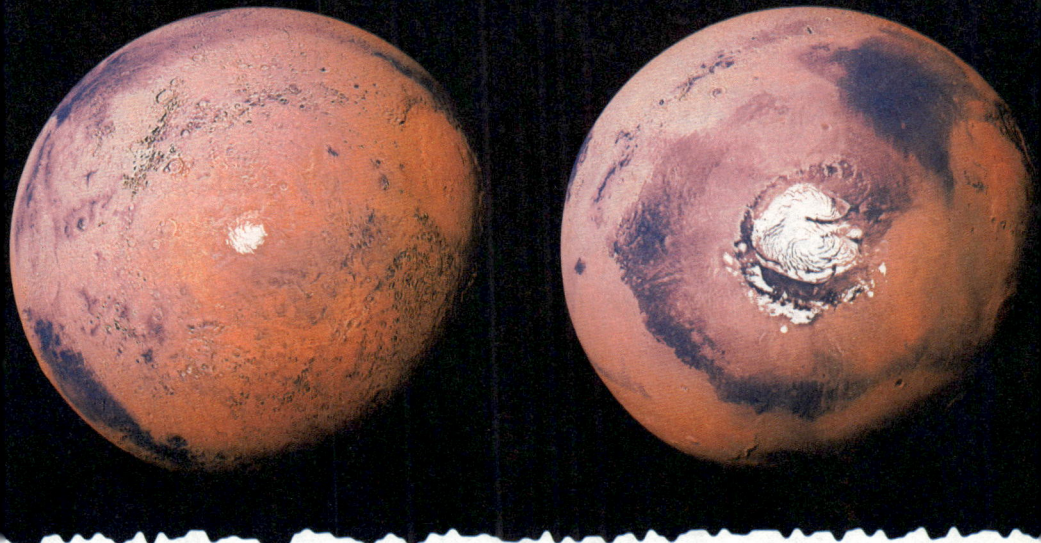

火星的环境

现在，火星因遍布沙丘和砾石，一片荒芜，故基本上被视为一颗沙漠行星。有研究团队发表论文提出：火星上的环境变化，不只是从湿润环境到干旱环境的转化那么简单，而是在湿润环境与干旱环境之间经历了很多次变化，最后才演变成现在这个样子。

超神奇！

登陆火星后，宇航员们会看到两颗极其明亮的星，人们称它们为火星的两个"月亮"，因为月亮是地球的卫星，所以它们也是火星的两个卫星，即火卫一和火卫二。

火星的地貌特征

在火星表面，有两个极其明亮的白色极冠非常显眼，在地球上，通

过天文望远镜，人们就可以清楚地看见北极冠和南极冠。极冠是火星南北极有水冰和干冰覆盖的区域。目前，通过火星探测器，科学家们可以监测到两个极冠在不同季节的变化情况。

在火星的发展历史中，有一个长期而复杂的火山作用阶段。据科学家们推测，到目前为止，火星可能依然处于火山活跃期。火星上有很多著名的火山，如奥林匹斯山、帕弗尼斯山、艾斯克雷尔斯山、亚拔山、阿尔西亚山等。

火星上的峡谷是火星的标志性地形，在地球上也能够看到，例如水手谷。水手谷的起源要追溯到几十亿年前，火星外壳断层在形成的过程中创造出了峡谷。水手谷不仅是火星上最大、最长的一条峡谷，还是目前已知太阳系中

最大、最长的一
条峡谷。

此外，火
星上分布着很多地势低平的
平原，如乌托邦平原、克里斯平原、北方大平原。
乌托邦平原是火星上最大的平原，位于火星的北半球，大
约形成于 30 亿年前。从太空眺望，乌托邦平原起伏较大，
在该区域内有很多断裂带和陨击坑，地质结构非常复杂。

1976 年 9 月 3 日，"海盗" 2 号火星探测器在乌托邦
平原着陆，并拍摄了照片。"海盗" 2 号火星探测器从不
同的角度拍摄到的乌托邦平原是不一样的，从平原地表向
四周眺望，你会发现，此处虽然遍布岩石，但地势非常
平坦。

宇宙科学馆

"天问" 1 号是由中国航天科技集团公司下属中
国空间技术研究院研制的探测器，负责执行中国第一
次自主火星探测任务。该火星探测器于 2020 年 7 月
发射，2021 年 5 月软着陆火星表面，然后火星车驶离
着陆平台，正式开展探测火星的各项工作。

美丽的彗星

彗星是一种呈云雾状且绕日运动的天体，其亮度和形状随日距的变化而变化。

彗星的起源

关于彗星的起源有很多说法，较为著名的说法是彗星起源于奥尔特云。奥尔特云位于太阳系的边缘地区，人们认为它里面布满了彗星，当彗星在其他恒星的作用下脱离奥尔特云进入太阳系内层时，就变成了我们见到的彗星。此外，有人提出，彗星形成于小行星相互碰撞产生的碎片。还有人提出，彗星形成于行星爆炸抛出的物质。

彗星的结构

彗星主要由彗核、彗发、彗尾三部分组成。彗核是彗星中央较明亮的部分，形状酷似一个长马铃薯，呈深黑色。当彗星飞向太阳时，太阳的热度使彗核释放出气体与尘埃形成彗发，并挥发出彗尾。彗尾通常朝着背离太阳的方向延伸。中国《晋书·天文志》记载的"夕见则东指，晨见则西指"，就是对彗尾的生动描述。

周期彗星和非周期彗星

彗星分为周期彗星和非周期彗星两种。但其实，周期彗星的周期并不固定：有的几年回归一次，有的几十年回归一次，有的上百年甚至上千年回归一次。而非周期彗星是一去不复返的，只是太阳系的一个过客。

超神奇！

1994年7月发生了彗星、木星相撞事件，这是人类历史上首次直接观测到的太阳系天体撞击事件。当时，短周期彗星"苏梅克－列维9号"以极高的速度进入木星大气层，撞向木星的南半球，形成举世瞩目的天文奇观。

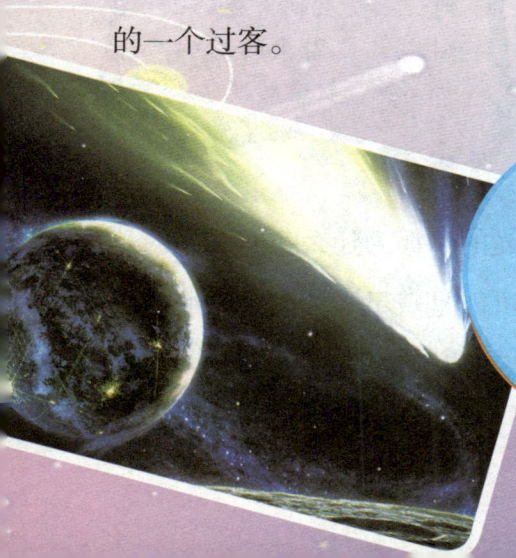

周期彗星的运行轨迹多是椭圆形，而非周期彗星的运行轨迹是抛物线状和双曲线状。这种运行轨迹受天体间万有引力作用所致。在行星的摄动下，有的周期彗星可变为非周期彗星；反之，有的非周期彗星也可变为周期彗星。

彗星的光

彗星和我们平常看到的星星都不一样，它喜欢拖着长长的尾巴、带着耀眼的光芒划过天空。其实彗星本身是不会发光的，那为什么我们看到的彗星都在发光呢？据推测，这可能是彗星受到太阳风冲击而产生的荧光现象，也可能是反射太阳光的缘故。

宇宙科学馆

摄动指一个天体绕另一个天体按规律运动时，因受其他天体的吸引或其他因素的影响，偏离原来轨道的现象。

转瞬即逝的流星雨

流星雨是少数肉眼可见的天象奇观，是地球与一大群宇宙尘粒相遇所造就的如同下雨一般的天文现象。

宇宙科学馆

流星体进入地球大气层后，与大气摩擦会发生燃烧现象，由此产生光和热。不过，由于流星体的体积太小，很快就燃烧完了，所以流星雨往往转瞬即逝。

流星雨的形成

流星是宇宙中的被称为流星体的碎片，这些碎片有些来自彗星。当彗星运行到太阳附近时，流星体颗粒就会在太阳辐射的热量和强大的引力作用下从彗星喷出，然后逐渐散布在整个彗星轨道，从而形成"流星体群"。当地球穿过流星体群时，

就可能发生流星雨。

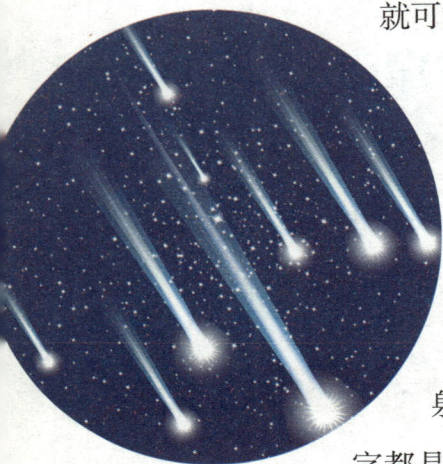

流星雨的辐射点

流星雨看起来就像许多流星从夜空中的一点迸发而坠落下来的，这个点被称为"流星雨的辐射点"。一般情况下，流星雨的名字都是以流星雨的辐射点所在天区的星座命名的，以区别来自不同地点的流星雨。例如，比拉流星群的辐射点位于仙女座，所以如果出现流星雨就被称为"仙女座流星雨"。

流星雨的规模

流星雨的规模大不相同：有时在一小时内只出现几颗流星，它们看起来都是从同一个辐射点"流出"的；有时在短时间内，在同一辐射点中能迸发出成千上万颗流星，就像节日中人们燃放的礼花那样壮观。

超神奇！

1833年11月17日夜晚，狮子座流星雨迎来一次大爆发，一连出现好几个小时，最多时每小时出现了大约10万颗流星。

绚丽的极光

极光是地球上最美丽的景观之一，五彩缤纷、形状各异、绚丽无比，有时候出现的时间很短，有时候则会连续出现几个小时。

极光的位置和成因

极光只在地球南北两极附近的高空出现：在南极称为南极光，在北极称为北极光。极光是大气外的高能带电粒子（包括电子和质子）进入地球磁场，撞击高层大气中的分子或原子导致的发光现象。因此，若要形成极光，大气、磁场、高能带电粒子三者缺一不可。

闪闪发亮的极光卵

如果我们乘着宇宙飞船在地球的南北极上空经过，

从遥远的太空向地球望去，会看到围绕地球磁极存在着一个闪闪发亮的光环。环内是极光区，叫作极光卵，美丽的极光就是从极光卵中发散出来的。由于极光卵朝向太阳的一边有点儿被压扁，而背向太阳的一边却稍稍被拉伸，因而呈现出卵状。极光卵处在连续不断的变化中，忽明忽暗，时而向赤道方向伸展，时而又向极点方向收缩。

超神奇！

极光有时像一条彩带，有时像一团火焰，有时像一面五光十色的巨大银幕，仿佛上映着一场电影，给人以视觉上美的享受。

土星的极光

极光不只在地球上出现，在太阳系内其他一些具有磁场的行星上也会出现，如土星磁极就存在极光现象。科学家认为，土星极光与地球极光的形成原因类似，都是太阳风与磁场作用的结果。土星极光十分明亮，持续时间比较长，一般为红色。

宇宙科学馆

极光对人类生活会产生一定的影响，如会影响人类的无线电通信，影响气候，影响生物学过程等。

无边的光年

宇宙广阔无边，天体间距离之远是我们无法想象的。如果还用地球上的米、千米之类的长度单位来测量，会非常烦琐、冗长，必须有一把更合适的"尺子"，于是出现了"光年"一词。

光年的制定

超神奇!

在天文学上，除了光年，还有另一个常用的表示恒星距离的长度单位——秒差距，1秒差距约等于3.26光年。

最早的时候，天文学家用地球和太阳之间的平均距离作为"尺子"，叫天文单位，一个天文单位等于1.5亿千米。天文单位虽然对于度量太阳系行星之间的距离很合适，但要去测量恒星之间的距离，还是太小了。为此，天文学家重新定义了一个长度单位，叫光年。

光年虽然叫作"年"，但是它并不是时间单位，而是长度单位。光在真空中的速度是恒定不变的，约每秒30万千米，因此，光在一年的时间里走的距离也是恒定不变的，一光年约为 9.4605×10^{15} 米。

光年的使用

德国天文学家弗里德里希·威廉·贝塞尔在1838年首次使用"光年"一词，并测量出天鹅座61

宇宙科学馆

距离地球约1光年的地方，是布满活跃的彗星的奥尔特云。

与地球之间的距离是 10.3 光年，后来，这一概念逐渐得到公认。目前，天文观测范围已经扩展到 150 亿光年左右，也就是说，人类目前最远能看到 150 亿光年左右的天体。

外星人之谜

外星人是人类对地球以外的智慧生物的统称。众所周知，在宇宙中至少有上千亿个星系。因此，有科学家坚信其中一定会有与地球环境相似的星球，而那些星球上也应该同地球一样有着智慧生物。

奥兹玛计划

1960 年，美国国家无线电天文台的科学家们

超神奇！

人们不断致力于从地球上向外星人发射信号的试验。如在探索木星和土星的探测器"先锋"号上载有"致外星人的信"，在另一艘探测器上装上了有地球人声音的录音。

开始着手实施一项如同梦幻一般宏伟的"奥兹玛计划"。该计划认为，在无垠的宇宙空间的某处，如果有智力发达的外星人

存在，这些外星人一定会试图同其他星球上的生物通信，并不断发出电波信号。于是，科学家们在波江座和鲸鱼座中各选了一颗星球作为目标，用高倍电波望远镜进行观测。不过遗憾的是，这项充满幻想、令人为之雀跃的计划，在实施过程中，因耗资巨大，加上其他许多观测项目相继上马，只进行了不到一年就被迫中止了。

生命存在的证据

通过用电波望远镜观测，科学家在宇宙中发现了许多由原子黏合在一起形成的分子，在其中还找到了许多构成人体的主要物质——蛋白质和氨基酸的有机物（碳水化合物）分子，这不能不说是个惊人的发现。有机物分子的存在说明宇宙中拥有构成生命的物质，或许它们在宇宙的各处正以多种多样的方式诞生着新的生命。

外星人"绑架案"

　　世界上有很多国家报道了疑似地球人被绑架至飞碟的事件，而且，在自称被外星人绑架的案例中，有很多相似的情节。例如，外星人绑架人类时多半是在午夜荒无人烟的地方，强制或引诱地球人进入 UFO，然后对被绑架者实施"身体检查"或者"身体实验"等，最后会将其释放。一般情况下，被绑架者还会声称自己的一部分记忆被消除，从而无法说出一些关键性的内容。一般来说，这些外星人"绑架案"是值得怀疑的，其真相还有待科学家进一步研究。

外星人的神秘信号

　　科学家曾用一个名叫"阿雷西波"的射电望远镜接收到可能来自外太空的神秘无线电信号，科学家对这些神秘的信号进行分析，发现这些信号极有可能来自宇宙深处的某个地方。那么这些神秘的信号真的是外星球发给我们的吗？科学家们进一步分析了这些信号的频率特征，发现这些外来信号看起来并不像是自然界干扰或者噪声造成的，也不像某种天文现象，但是科学家仍无法破解这些神秘信号。其实，在此之前，科学家们在对众多恒星进行搜寻时，就曾收到一些无法解释的神秘信号。这些神秘信号极大地激起了人类探索外星文明的兴趣。此外，有的宇航员会在太空中听到某些不可思议的声音。这些神秘的信号和声音都是科学家们无法解释的。目前，太空神秘信号的大规模搜寻和破译工作正在进行中。也许有一天，人类能破解外星人传给我们的信号。

宇宙科学馆

射电望远镜不同于光学望远镜，它是一种先进的天文观测仪器，能接收天体发出的无线电波，并且不受天气条件的限制，不论刮风下雨，还是白天黑夜，观测者都能实施观测，而且观测的距离更远。

传闻中的UFO

我们经常能在科幻电影中见到飞碟，也就是人们常说的 UFO。这些 UFO 从何而来，是不是外星人的太空船？一切都有待进一步研究。

什么是UFO

"UFO"一词来源于美国空军的"蓝皮书计划"，中文意思是"不明飞行物"。它是指那些来历不明、空间不明、结构不明、性质不明，但又可以在空中或者太空中飘浮、飞行的物体。其实，严格来说，UFO 不只包括飞碟。飞碟只是一种类似碟子形状的不明飞行物，UFO 还包括其他不明飞行物，以及那些不明的自然现象，其中就包括那些出现在空中或地面上的奇异光芒或者物体。

UFO 的特点

UFO 是一种神奇而可怕的物体，它拥有巨大的光能、动能，在空中能做出地球上一切飞行器无法企及的动作，拥有极快的速度。它还会突然出现、突然消失，令人无法揣测其来路和去向。

人类对 UFO 的探索

超神奇！

UFO 的出现一般会引起动物的惊慌，还会干扰无线电设备，有时还会在地面留下痕迹。

人类希望通过各种手段与 UFO 进行深入接触。科学家在一些飞碟活动频繁的地区安放明显的标志以吸引飞碟降落，甚至还打算用炮火强迫在空中飞行的 UFO 降落，以便了解它们的秘密。可惜，这些措施目前还没有取得任何实际效果。一些研究者认为外星人的发达程度大大超越地球人，目前人类还没有能力挽留 UFO。

凤凰城光点

1997 年 3 月 13 日，在美国亚利桑那州凤凰城的夜空中出现了五六个琥珀色的不明巨大光点，井然有序地排列成 V 形，缓慢而安静地从西北往东南方向飞行，从内华达州经过凤凰城，然后抵达土桑边境消失，范围约 482 千米，从 19 时 30 分到 22 时 30 分，历时 3 个小时。数千人目睹了这一不可思议的现象。相信有外星人存在者，便称这是外星人的飞碟。

宇宙科学馆

除了常见的圆形飞碟，UFO 还有雪茄状的，例如在美国得克萨斯州上空就出现过雪茄状的不明飞行物。